Eman Badawi El-Shal
M.H. Badawoud
H.A. Amin

O efeito protetor da L-arginina contra a nefrotoxicidade

Eman Badawi El-Shal
M.H. Badawoud
H.A. Amin

O efeito protetor da L-arginina contra a nefrotoxicidade

doença renal

Imprint

Any brand names and product names mentioned in this book are subject to trademark, brand or patent protection and are trademarks or registered trademarks of their respective holders. The use of brand names, product names, common names, trade names, product descriptions etc. even without a particular marking in this work is in no way to be construed to mean that such names may be regarded as unrestricted in respect of trademark and brand protection legislation and could thus be used by anyone.

Cover image: www.ingimage.com

This book is a translation from the original published under ISBN 978-620-2-30927-1.

Publisher:
Sciencia Scripts
is a trademark of
Dodo Books Indian Ocean Ltd. and OmniScriptum S.R.L publishing group

120 High Road, East Finchley, London, N2 9ED, United Kingdom
Str. Armeneasca 28/1, office 1, Chisinau MD-2012, Republic of Moldova, Europe
Printed at: see last page
ISBN: 978-620-8-29235-5

RESUMO

O 5-fluorouracilo (5-FU) é um potente agente antineoplásico utilizado no tratamento de várias neoplasias malignas. A via do óxido nítrico (NO) da L-arginina está envolvida na patogénese da lesão renal induzida pela quimioterapia. Este trabalho investigou o mecanismo benéfico da suplementação com L-arginina na nefropatia induzida por 5 FU. Oitenta ratos Wistar machos foram divididos em quatro grupos iguais: Grupo de controlo; grupo L-arginina (378 mg/rat /dia durante 4 semanas); grupo 5-FU (189 mg/rat/semana durante 4 semanas) e L-arginina durante uma semana antes e 4 semanas concomitantemente com o grupo 5-FU. No final da experiência, as funções renais foram avaliadas e as amostras de rins foram processadas para secções de parafina e coradas com H&E, Tricoma de Masson e PAS. Demonstração imuno-histoquímica de caspase-3 para apoptose e óxido nítrico sintase induzível (iNOS). Foi utilizado um analisador de imagens para analisar os resultados morfometricamente e estatisticamente. A administração de L-arginina a animais tratados com 5-FU provocou uma redução significativa nos níveis séricos de ureia e creatinina, volume de urina, excreção urinária de proteínas e razão rim/peso corporal em comparação com o grupo tratado com fluorouracil. A L-arginina melhorou a glomerulo-celerose, a degeneração dos túbulos contorcidos e a fibrose intersticial em animais tratados com 5-FU. A

L-arginina atenuou eficazmente algumas alterações bioquímicas e histológicas da nefrotoxicidade do 5-fluorouracil.

Palavras chave: L-arginina, nefrotoxicidade, 5-fluorouracil

CAPÍTULO 1

INTRODUÇÃO

Em circunstâncias ideais, os medicamentos anticancerígenos eliminariam as células cancerígenas sem danificar os tecidos normais. No entanto, nenhum dos agentes atualmente disponíveis é completamente desprovido de toxicidade [11]. O 5-fluorouracilo (5-FU) é considerado o agente mais utilizado no tratamento do cancro colorrectal [13] e tem atividade contra muitos tumores sólidos, incluindo cancros da mama, estômago, pâncreas, esófago, fígado, cabeça e pescoço e ânus [11]. Embora o 5-fluorouracil tenha gerado resultados aceitáveis, foi considerado um composto nefrotóxico [25]. Além disso, é um análogo fluorado da pirimidina e classificado como um agente antimetabólico que inibe a síntese de ADN e ARN em células normais e tumorais [42].

A L-arginina é de facto um aminoácido semi-essencial e pensa-se que é uma fonte principal para a produção de óxido nítrico (NO) através da NO sintase (NOS) [29]. Esta molécula temporária (NO) pode desempenhar um papel crucial na regulação da função renal em condições normais e patológicas [14]. Três isoformas de óxido nítrico sintase NOS foram expressas no rim [16]. A NOS endotelial (eNOS) tem um papel na regulação do fluxo sanguíneo

3

renal. A NOS neuronal (nNOS) é encontrada principalmente na mácula densa e tem um papel na secreção de renina. A NOS induzível (iNOS) encontra-se no rim em situações patológicas

afectou o mesângio e os túbulos [33]. A importância fisiológica da iNOS nos túbulos renais não é clara [15].

Em muitos estudos, a L-arginina exógena pode proteger o tecido renal contra lesões tóxicas ou isquémicas [39]. Os defeitos da via L-arginina/NO já foram sugeridos como tendo um papel principal na patogénese da afeção renal. O efeito renoprotector da L-arginina foi postulado devido ao aumento do fluxo sanguíneo renal total e do teor de óxido nítrico [28]. Embora tenham sido realizados muitos estudos experimentais sobre o efeito renoprotector da L-arginina com resultados contraditórios, existem poucos estudos sobre a base histológica e imunohistoquímica deste efeito.

Com base em todas as observações anteriores, o presente estudo investigou, numa base bioquímica, histológica e imunohistoquímica, a possível influência benéfica da l-arginina na nefrotoxicidade causada pela administração de 5-FU em ratos.

CAPÍTULO 2

MATERIAIS e MÉTODOS

Aprovação ética

Os procedimentos foram realizados de acordo com as diretrizes e protocolos revistos e aprovados pelo comité ético para os cuidados e utilização de animais no King Fahd Medical Research Centre (KFMRC), KAU, Jeddah, Arábia Saudita, que estão em conformidade com as diretrizes do Canadian Council on Animal Care.

Medicamentos:

A. 5-fluorouracilo (Biosynth Company): foi fornecido sob a forma de ampolas de

250 mg e injectados intraperitonealmente a 189 mg/rato/semana [18, 34].

B. A L-arginina foi adquirida à Sigma-Aldrich Chemicals Co. (St. Louis, Missouri, EUA). A solução de L-arginina foi preparada dissolvendo 40 g de L-arginina em 100 mL de solução salina normal para obter uma concentração de 378 mg /0,9 mL e administrada por via oral. A dose calculada de L-arginina foi baseada em dados preliminares de [5, 31] sendo nefroprotectora.

Animais:

Oitenta ratos Wister albinos machos adultos (190-210 gm) foram selecionados para o estudo. Foram mantidos em condições laboratoriais normais e tiveram livre acesso a ração normal de laboratório e água *adlibitum*. Os ratos foram aclimatados durante uma semana antes de iniciarem a experiência.

Protocolo experimental:

Os ratos foram divididos aleatoriamente em 4 grupos (20 ratos cada):

Grupo I (grupo de controlo): recebeu injeção intraperitoneal (IP) de solução salina normal (3,78 ml/semana) durante 4 semanas [18, 34].

Grupo II (grupo L-arginina): recebeu L-arginina oral (378 mg/rato/dia) durante 4 semanas [5, 31].

Grupo III (grupo 5-fluorouracilo): recebeu 5-fluorouracilo por via intravenosa (189 mg/rato/semana) durante 4 semanas [18, 34].

Grupo IV (grupo L-arginina + grupo 5-fluorouracilo): foi tratado com L-arginina (378 mg/rato/dia) com início uma semana antes do 5-fluorouracilo, que foi administrado na mesma dose, via e período semelhantes aos do grupo

III.

No final do tratamento, foram colhidas amostras de sangue da veia caudal dos grupos experimentais e o soro foi separado de cada amostra para avaliação da função renal e estudo bioquímico (proteínas totais séricas, albumina, ureia e níveis de creatinina). Também foram estimados o volume de urina (mL/24 horas) e a excreção urinária de proteínas (mg/24 horas).

Peso absoluto e relativo dos rins:

O peso médio dos ratos foi registado e depois sacrificados por decapitação. Os animais foram dissecados e os seus rins foram separados e pesados. Foram determinados os pesos absolutos e relativos dos órgãos.

Técnicas histológicas e imunohistoquímicas:

Os rins direitos foram separados e imediatamente fixados em formalina tamponada a 10% e processados para a preparação de secções histológicas com 5µm de espessura. Foram corados com hematoxilina e eosina (H&E) e tricrómio de Masson (MT) e reação de Schiffs com ácido periódico (PAS) [8].

Outras secções foram coradas imunohistoquimicamente pelo método da avidina biotina peroxidase para deteção da expressão da caspase-3 e da NOS [7]. Resumidamente, as secções foram desparafinizadas, hidratadas e depois incubadas durante a noite com o anticorpo primário monoclonal de ratinho para a caspase-3 (Ab-7, Mouse Mab. MS.) numa diluição de 1:500 ou anticorpo primário policlonal de coelho específico para a enzima iNOS (*SC - 650*, Santa Cruz Biotechnology) numa diluição de 1:1000. Utilizando um kit de deteção universal (Dakocytomation), os anticorpos secundários biotinilados formam um complexo com moléculas de estreptavidina conjugadas com peroxidase. As secções foram lavadas com solução salina tamponada com fosfato e algumas gotas de

de anticorpos secundários biotinilados durante 15 minutos. Em seguida, as secções foram enxaguadas e tratadas com a solução cromogénica de substrato de cloreto de diaminobenzidina tetra-hidro (DAB) preparada durante 15 minutos até se obter a cor castanha desejada. Por fim, as secções foram coradas com hematoxilina de Mayer.

Estudos morfométricos:

As medições morfométricas foram efectuadas utilizando o sistema Image-Pro Premier. A esclerose glomerular foi avaliada como graus incrementais de materiais PAS positivos, obliteração dos lúmens capilares e presença de material hialino amorfo e pontuada com base nos critérios de Romero et al. [35]. Foram examinados aleatoriamente um mínimo de 40 glomérulos em cada espécime com uma ampliação de X400 utilizando o software de análise de imagens Image-Pro Premier. A esclerose envolvendo mais de 80% do tufo glomerular foi considerada global, e a esclerose envolvendo menos de 80% foi considerada segmentar. Os dados são expressos como sendo a percentagem de glomérulos que apresentam esclerose segmentar ou global.

As percentagens médias de lesões histopatológicas pontuadas dos tecidos renais, tais como lesão e atrofia tubular, infiltração tubulointersticial e fibrose intersticial, foram registadas de acordo com os critérios de Romero et al. [35]. O grau de lesão inclui cinco escores, dependendo da relação entre a área afetada e a área total da secção no campo de visão - 0: área afetada < 10%, 1: 10% < área afetada < 20%, 2:20% > área afetada < 40%, 3: 40% > área afetada < 60%, 4: 60% < área afetada < 80%, 5: área afetada > 80%. A pontuação média de 10-15 secções de cada espécime foi registada.

A percentagem de área das lâminas imunomarcadas com caspase-3 e iNOS foi estudada e comparada entre os diferentes grupos utilizados neste estudo.

A percentagem de área da imunomarcação foi medida em 10 campos microscópicos (ampliação original, X200)

Para cada animal, foram calculados os valores médios.

Análise estatística:

A comparação entre os diferentes grupos foi efectuada estatisticamente utilizando a análise de variância (ANOVA) de uma via e, em seguida, o teste de comparação múltipla para avaliar a diferença principal entre os vários grupos. As diferenças foram consideradas estatisticamente significativas quando $P<0,05$.

CAPÍTULO 3

RESULTADOS

Efeito no peso corporal (PC), no peso dos rins (KW) e no peso relativo dos rins em relação ao peso corporal (KW/PPC): (Tabela 1)

Os ratos tratados com fluorouracilo (grupo III) tinham um peso corporal significativamente inferior ao dos controlos. No entanto, a administração de L-arginina a ratos tratados com fluorouracil (grupo VI) foi significativamente mais pesada do que os ratos não tratados com fluorouracil. Não se verificou uma diferença significativa entre a L-arginina (grupo II) e os grupos de controlo.

Além disso, foi demonstrado um aumento significativo do KW no grupo tratado com fluorouracil. Os animais co-tratados com L-arginina e fluorouracilo apresentaram uma redução significativa do KW em comparação com o grupo tratado com fluorouracilo (grupo III).

Houve um aumento significativo no rácio (KW/BW) no grupo do fluorouracil (P<0,05). O tratamento com L-arginina no grupo IV diminuiu a razão KW/BW em comparação com o grupo fluorouracil, conforme mostrado na tabela (1).

Alterações bioquímicas:

Efeito sobre os níveis séricos de proteínas totais, albumina, ureia e

creatinina:

A Tabela (2) ilustra os níveis séricos de proteínas totais, albumina, ureia

e creatinina do tratamento com fluorouracil com ou sem L-arginina. O

tratamento com fluorouracil exibiu um aumento considerável dos níveis

séricos de ureia e creatinina em comparação com os níveis aparentes de

depleção do conteúdo de proteínas totais e albumina no soro. No entanto, o

grupo tratado com fluorouracil e protegido pela suplementação com L-

arginina registou uma melhoria acentuada, mas ainda se encontrava abaixo

do valor normal.

Efeito no volume de urina (ml/24 horas) e na excreção urinária de

proteínas (mg/24 horas) (Quadro 3):

No grupo experimental tratado com fluorouracilo, foi detectado um

aumento do volume de urina de 24 horas e da proteína urinária total em

comparação com o controlo. No entanto, o tratamento com L-arginina dos

ratos intoxicados com fluorouracil conduziu a uma melhoria acentuada,

mas ainda não foi equiparado ao controlo.

N.B. Não foi detectada qualquer diferença significativa entre o controlo não tratado e os controlos tratados com L-arginina em todos os parâmetros.

Resultados histológicos:

Grupo I (grupo de controlo):

O rim de controlo possuía uma arquitetura histológica normal, pelo que o exame de secções de rins deste grupo coradas com H&E mostrou que o corpúsculo renal era formado por um tufo glomerular de capilares sanguíneos rodeado pela cápsula de Bowman, que tinha uma camada parietal revestida por epitélio escamoso simples e uma camada visceral côncava interna revestida por células podocitárias redondas com núcleos profundamente corados. Entre as duas camadas existe um espaço capsular ou (espaço urinário). Os túbulos contorcidos proximais tinham um lúmen estreito ocupado por bordos em escova estriados e uma lâmina basal regular revestida por uma única camada de células piramidais com citoplasma eosinofílico e núcleos centrais arredondados. Os túbulos contorcidos distais são revestidos por um número relativamente grande de células epiteliais cuboidais. Os lúmens dos túbulos distais eram mais largos do que os dos túbulos proximais e o seu citoplasma era menos acidófilo e os núcleos eram arredondados (Fig. 1A).

As fibras de colagénio eram mínimas e estavam confinadas à cápsula de

Bowman, à volta dos túbulos e às lâminas basais dos capilares glomerulares (Fig. 1B).

Foram observados materiais PAS positivos na membrana basal dos túbulos renais, para além do bordo em escova dos túbulos contorcidos proximais. Foi também detectado material PAS positivo intraglomerular (Fig.1C).

Grupo II (grupo L-arginina):

A arquitetura renal nos animais tratados com L-arginina apresentou uma arquitetura histológica normal, não tendo sido detectadas alterações neste grupo em comparação com o grupo I (Fig. 2A). A distribuição das fibras de colagénio e as áreas PAS positivas também foram semelhantes às secções de controlo (Figs.2B, 2C).

Grupo III (Grupo fluorouracilo):

Em ratos tratados com fluorouracil, foram observadas áreas de degeneração glomerular e tubular entre outras aparentemente normais. O revestimento epitelial dos túbulos afectados apresentava uma degeneração picnótica ou vacuolada. Os seus lúmens tubulares pareciam inchados com a presença de detritos celulares. Foram também observados cilindros hialinos em alguns lúmens tubulares (Fig. 3A). Verificaram-se diferentes padrões de lesão glomerular, tais como atrofia glomerular, lobulação e esclerose glomerular. Foram detectadas infiltrações leucocitárias intersticiais e periglomerulares (Figs. 3B, 3C). Foram também observados capilares glomerulares dilatados e congestionados (Fig. 3A). O córtex e a medula renais apresentavam múltiplos capilares congestionados, infiltração celular mononuclear intersticial e células sanguíneas extravasadas (Figs. 3B, 3C).

As secções coradas com tricrómio de Masson revelaram um aumento das fibras de colagénio intraglomerulares e peritubulares (Fig.3D).

O mesângio glomerular estava maioritariamente expandido pelo aumento de material PAS positivo intraglomerular. Alguns túbulos mostraram uma forte reação PAS nas suas lâminas basais, enquanto outros revelaram uma fraca reação PAS na sua borda em escova. Poucas áreas de tecido intersticial apresentaram uma reação intensa (Fig. 3E).

Grupo IV (grupo L-arginina + fluorouracilo):

A suplementação com L-arginina no grupo tratado com fluorouracil mostrou melhorias na maioria dos corpúsculos renais, com espaço urinário estreito e celularidade glomerular regular. As células dos túbulos contornados proximais apresentavam núcleos basais arredondados vesiculares com citoplasma

granular acidófilo e lúmen

carateristicamente estreito. Os túbulos contorcidos distais apresentavam um

citoplasma menos acidófilo e um lúmen carateristicamente largo. (Fig. 4A).

Padrão normal de fibras de colagénio na

cápsula de Bowman e em redor dos túbulos (Fig. 4B) e foram detectadas

estruturas com coloração PAS positiva nos glomérulos, na membrana basal da

camada parietal das cápsulas de Bowman, na membrana basal dos túbulos

renais e no bordo em escova dos túbulos contorcidos proximais (Fig. 4C).

Imunohistoquímica do óxido nítrico induzível e da caspase 3

O óxido nítrico induzível (iNOS) foi detectado por imunohistoquímica

no citoplasma das células tubulares no grupo de controlo. Foi observada uma

expressão mais elevada no grupo tratado com fluorouracil (grupo III), que foi

diminuída pelo co-tratamento de fluorouracil e L-arginina nos tecidos renais.

Não foi observada qualquer diferença detetável entre o grupo II (grupo L-

arginina) e os ratos de controlo (Figs. 5A-5D).

A imunohistoquímica da caspase 3 mostrou uma afinidade de coloração

quase negativa no controlo e no tratamento com L-arginina. No entanto, no

grupo experimental tratado com fluorouracil, verificou-se um aumento aparente da expressão citoplasmática da caspase 3, que foi acentuadamente reduzida no grupo tratado com fluorouracil e suplementado com L-arginina (Figs. 6 A-D).

Resultados morfométricos quantitativos

Os resultados histológicos morfométricos quantitativos estão resumidos na tabela 4. No grupo III (ratos tratados com fluorouracil), 13,8% da área do tufo glomerular estava segmentarmente esclerosada e 2,0% estava globalmente esclerosada. O tratamento com L-arginina (Grupo VI) diminuiu significativamente a glomeruloesclerose em comparação com o Grupo III.

A degeneração e atrofia tubulares, a infiltração de células intersticiais e a fibrose intersticial foram demonstradas com uma pontuação média de 4,2, 1,7 e 1,2, respetivamente, no grupo III (grupo do fluorouracilo). A L-arginina (grupo IV) diminuiu significativamente a pontuação média destas lesões. Entretanto, não foi detectada qualquer diferença significativa entre os grupos II e IV e o grupo de controlo.

A percentagem média da área de imunomarcação da iNOS nas secções de controlo foi de 4,112±0,703. Aumentou significativamente no grupo III (grupo Fluorouracil) para 18,549±1,34. No entanto, foi encontrada uma diferença não significativa nos grupos II (Grupo L-arginina) e IV (Grupo L-arginina + fluorouracilo) em comparação com os ratos de controlo; 4,624±0,112 e 5,391±0,230, respetivamente. Além disso, a percentagem média da área de imunoexpressão da Caspase-3 indicou um aumento altamente significativo no grupo III (12,8±1,17) em comparação com os ratos de controlo (2,5±0,92) e uma diminuição significativa no grupo IV (7,3±0,51) em comparação com o grupo III.

CAPÍTULO 4

DISCUSSÃO

O fluorouracilo (5-FU) é um fármaco quimioterapêutico amplamente utilizado, devido à sua eficácia em diversas doenças malignas humanas, mas tem efeitos secundários hepatotóxicos e nefrotóxicos [21]. Esta toxicidade para os órgãos está associada a um aumento do stress oxidativo e da apoptose [34]. Por conseguinte, o presente trabalho estudou o possível efeito protetor do tratamento com L-arginina como precursor do óxido nítrico contra a nefrotoxicidade induzida pela 5-FU.

No presente trabalho, a dissecação de animais mostrou que a diminuição do peso corporal induzida pelo 5-FU pode dever-se à perda de músculos esqueléticos e de tecido adiposo. Esta sugestão também foi registada por Devlin et al. [19]. Além disso, um aumento significativo do peso relativo dos rins em relação ao peso corporal estava de acordo com os resultados registados por Saleh e El-Demerdash [37]. Este aumento no índice reno-somático pode ser devido ao edema do parênquima renal causado pela inflamação renal [2].

Os resultados bioquímicos deste trabalho estão de acordo com os obtidos

por El-Hoseany [20] e Rashid et al. [34], que referiram que a administração de 5-FU conduziu a uma deterioração da função renal, como demonstrado pelo aumento da creatinina e da ureia e por uma redução significativa das proteínas séricas totais e da albumina. A nefrotoxicidade induzida pelo 5-FU foi confirmada por alterações histológicas, incluindo degeneração glomerular e tubular. Foram observados cilindros eosinófilos homogéneos em alguns túbulos. Foram frequentemente observadas alças capilares glomerulares dilatadas e congestionadas. Os resultados obtidos são semelhantes aos registados anteriormente por Ali e Al Moundhri [4] e Rashid et al. [34]. Estes autores confirmaram que a 5-FU e a cisplatina afectam gravemente a função renal. Atualmente, o tratamento com L-arginina, iniciado uma semana antes do 5-FU, aparentemente reduziu os seus efeitos deletérios e protegeu o rim de danos. Esta proteção foi claramente reflectida por uma diminuição significativa do peso dos rins e do peso dos rins em relação ao peso corporal e por um aumento das proteínas séricas totais e da albumina. Além disso, a ureia e a creatinina séricas voltaram quase aos seus níveis normais. Estes resultados também foram registados por Abo Zeid et al. [1]. Os autores postularam que o tratamento com L-Arginina como precursor de NO provocou uma melhoria significativa das funções renais em várias formas de lesão renal aguda e crónica. Os efeitos indutores da L-arginina podem dever-se a uma alteração do nível de óxido nítrico endógeno. Este efeito foi descrito como protetor contra a nefrotoxicidade induzida por medicamentos como a ciclosporina [31] e a gentamicina [14], bem como na obstrução ureteral unilateral [26].

O NO é sintetizado a partir da L-arginina por três isoformas diferentes de óxido nítrico sintases (NOSs): neuronal (nNOS), induzível

(iNOS) e a óxido nítrico sintase endotelial (eNOS). Como o NO não tem receptores específicos, a sua função e atividade nas diferentes condições fisiopatológicas dependem principalmente do local e da concentração da sua produção e dos mediadores circundantes. Tem uma função central na neurotransmissão, nos processos inflamatórios e na regulação da angiogénese e vasodilatação [36].

Os nossos resultados imunohistoquímicos e morfométricos mostraram que a iNOS estava minimamente expressa no tecido renal normal e altamente expressa nas células epiteliais do túbulo proximal danificadas no grupo tratado com 5FU. O presente estudo procurou esclarecer as consequências da modulação da iNOS na extensão da nefrotoxicidade induzida pelo 5-FU, utilizando a L-arginina como precursor do óxido nítrico.

Muitos estudos mostraram que a iNOS é baixa ou não é expressa em tecidos renais normais, enquanto várias nefropatias foram associadas a quantidades substanciais de iNOS nos glomérulos e no interstício renal [9,12, 24, 22,41]. Outros estudos, no entanto, indicaram que a iNOS é expressa em grandes quantidades no tecido renal normal, localizando-se principalmente nos túbulos, e que as condições patológicas, tais como a insuficiência renal crónica clínica e experimental, estão associadas a uma acentuada regulação negativa da iNOS [3, 44,6]. Uma possível razão para esta discordância é a grande heterogeneidade dos modelos experimentais estudados até à data. Uma discrepância adicional pode resultar do facto de os anticorpos primários utilizados para detetar a iNOS serem provenientes de várias fontes, uma vez que o comportamento de diferentes anticorpos dirigidos contra isoformas da NOS pode variar drasticamente de acordo com o tipo (monoclonal *versus* policlonal), a espécie em que o anticorpo foi criado e o tecido em que o anticorpo é testado [17].

Schneider et al. [38] registaram que as alterações histológicas induzidas pelo 5-FU podem estar relacionadas com a privação de L-arginina interna disponível para a síntese de NOS e subsequente desacoplamento da NOS constitutiva que desencadeia a indução de iNOS. A elevada expressão da iNOS pode ser atribuída ao aumento compensatório do seu nível, na tentativa de aumentar o nível de NO para contrariar o efeito deletério do 5-FU no rim. No entanto, a proteína iNOS, uma vez induzida, produz grandes quantidades de

NO durante um período prolongado. Este NO actua como um radical livre e causa citotoxicidade numa variedade de células ou tecidos [15]. No presente trabalho, a L-arginina melhorou as alterações histológicas e, consequentemente, diminuiu a expressão da iNOS em comparação com o grupo 5- FU.

Schwartz et al. [40] relataram que a regulação positiva da iNOS pode levar à regulação negativa da eNOS, que é responsável pela manutenção das funções renais fisiológicas. A iNOS reage rapidamente com superóxido (O2-), resultando na formação do oxidante altamente reativo peroxinitrito (ONOO-) em vez de NO em condições de deficiência absoluta ou relativa de L-arginina [45, 32].

Peroxidação lipídica e danos no ADN induzidos pela iNOS [30]. Assim, o tratamento com L-arginina no presente trabalho poderia proteger contra as alterações histológicas tubulares e glomerulares através da inibição da atividade da iNOS e da prevenção da formação de radicais livres ONOO e, consequentemente, prevenir os danos no ADN induzidos pela 5-FU.

O 5-FU provocou uma forte imunomarcação da caspase-3 no parênquima renal. No entanto, o tratamento com L-arginina atenuou significativamente a apoptose tanto na região glomerular como na região tubular, inibindo a ativação da caspase-3. Por conseguinte, a L-arginina desempenha um papel importante na modulação do stress oxidativo e da apoptose induzida pelo 5-FU. Estes resultados foram concluídos por Thant et al. [43] e Rashid et al.[34], que referiram que a apoptose provocada pelo 5-FU é um processo dependente da caspase que inclui a ativação da caspase-9 ativa iniciadora, para além da caspase-3 efectora. Muitos investigadores sugeriram que estas alterações se devem à geração de radicais livres libertados na peroxidação lipídica, danos na membrana celular e apoptose [46]. Vários estudos propuseram uma ligação entre o efeito anti-apoptótico da L-arginina e a prevenção da formação de aniões peroxinitritos no tecido renal [27, 23, 10].

Em conclusão, verificou-se que a administração de L-arginina é poderosamente protetora no modelo de nefropatia observado em ratos tratados com fluorouracil. A L-arginina tem tendência para preservar a maior parte dos parâmetros morfológicos, imunohistoquímicos e bioquímicos para valores normais. Os ensaios em humanos são essenciais para comprovar este papel protetor.

Agradecimentos Este projeto foi financiado pelo Deanship of Scientific Research (DRS), King Abdulaziz University, Jeddah, sob a concessão nº (1433/140/386). Os autores, portanto, reconhecem com agradecimentos o apoio técnico e financeiro do DSR. Investigador principal, Prof. Mohammed H Badawoud.

CONTRIBUIÇÃO DO AUTOR:

Badawoud MH1, El-Shal EB2, Zaki All, 3, Amin HA1, 4

Todos os autores participam na conceção do trabalho, realizaram a imunohistoquímica, conceberam o estudo, analisaram e interpretaram os dados do trabalho e redigiram o manuscrito. Todos os autores leram e aprovaram o manuscrito final.

REFERÊNCIAS

1. Abo Zeid AA, El Saka MH, Shafik NM. Efeito da combinação de L-Arginina e N-Acetilcisteína em modelo de lesão de isquemia-reperfusão renal em ratos. J Am Sci. 2012; 8(10), 814-921. doi:10.7537/j.issn.1545-1003.

2. Adejuwon AS, Femi-Akinlosotu, O, Omirinde JO, Owolabi OR, Afodun AM Launaea taraxacifolia melhora a lesão hepato-renal induzida pela cisplatina. Eur J Medicinal Plants. 2014; 4(5), 528-541. DOI: 10.9734/EJMP/2014/7314.

3. Aiello S, Noris M, Todeschini M, Zappella S, Foglieni C, Benigni A, Corna D, Zoja C, Cavallotti D, Remuzzi G. Síntese renal e sistémica de óxido nítrico em ratos com redução da massa renal. Kidney Int. 1997; 52: 171-181. doi:10.1038/ki.1997.317.

4. Ali BH, Al Moundhri MS. Agents ameliorating or augmenting the nephrotoxicity of cisplatin and other platinum compounds: a review of some recent research. Food Chem. Toxicol. 2006; 44, 1173-1183. DOI: 10.1016/j.fct.2006.01.013

5. Amore A, Gianglio B, Ghigo D, Peruzzi L, Porcellini MG, Bussolino F. Um possível papel do óxido nítrico na modulação da toxicidade funcional da ciclosporina pela arginina. Kidney Int 1995; 47: 1507-1514.

6. Ashab I, Peer G, Blum M, Wollman Y, Chernihovsky T, Hassner A, Schwartz D, Cabili S, Silverberg D, Iaina A. A administração oral de L-arginina e captopril em ratos previne a insuficiência renal crónica através da produção de óxido nítrico. Kidney Int. 1995; 47: 1515-1521. doi:10.1038/ki.1995.214

7. Bancroft JD, Cook HC. Coloração imunohistoquímica pelo método padrão avidina-biotinaperoxidase. In: Bancroft, JD, Cook HC, editores. Manual de técnicas histológicas. Churchill Livingstone 1984:195-202.

8. Bancroft JD, Gamble M. Teoria e prática das técnicas histológicas. 5ªed. Churchill Livingstone 2001:173- 175.

9. Bank N, Aynedjian HS, Qiu JH, Osei SY, Ahima RS, Fabry ME, Nagel RL. Sintases renais de óxido nítrico em ratinhos transgénicos com células falciformes. KidneyInt. 1996; 50: 184- 189. doi:10.1038/ki.1996.301

10. Bidadkosh A, Derakhshanfar A, Rastegar AM, Yazdani S. Antioxidant preserving effects of L-arginine at reducing the hemodynamic toxicity of gentamicin-induced rat nephrotoxicity: pathological and biochemical findings. Comp Clin Pathol. 2012; 21:1739-1744. doi:10.1007/s00580-011-1359-4.

11. Brega-Neto, MB, Warren CA, Oria RB, Monteiro, MS, Maclel AAS, Brito GAC, Lima AAM, Guerrant RL. A suplementação com alanil-glutamina

melhora a lesão intestinal induzida pelo 5- fluorouracil in vitro. Dig Dis Sci. 2008;53(10), 2687- 2696. doi: 10.1007/s10620- 008-0215-0.

12. Bremer V, Tojo A, Kimura K, Hirata Y, Goto A, Nagamatsu T, Suzuki Y, Omata M. . O papel do óxido nítrico na nefrite nefrotóxica do rato: comparação entre a óxido nítrico sintase induzível e constitutiva.JAm SocNephrol. 1997; 8: 1712-1721. PMID: 9355074.

13. Cabellos R, Garcia-Carbonero R, Garcia-Lacalle C, Gomez P, Tercero A, Sanchez D, Paz-Ares L. Fluorouracil-based chemotherapy in patients with gastrointestinal malignancies: influence of nutritional folate status on toxicity. J Chemother. 2007;(19),744-749 . DOI:10.1179/joc.2007.19.6.744.

14. Can C, Sen S, Boztok N, Tuglular I. Protective effect of oral L- arginine administration on gentamicin-induced renal failure in rats. Eur J Pharmacol. 2000; 390, 327-334. Doi.org/10.1016/S0014- 2999(00)00025-X

15. Chatterjee PK, Patel NS, Kvale EO, Cuzzocrea S, Brown PA, Stewart KN, Mota FH, Thiemermann C. Inhibition of inducible nitric oxide synthase reduces renal ischemia/reperfusion injury. Kidney Int. 2002; 61(3), 862-871. DOI: 10.1046/j.1523-1755.2002.00234.x

16. Cherla G, Jaimes EA. Role of L-Arginine in the Pathogenesis and Treatment of Renal Disease. J. Nutr. 2004; 134: 2801S-2806S.

PMID:15465789.

17. Coers W, Timens W, Kempinga C, Klok PA, Moshage H. Specificity of Antibodies to Nitric Oxide Synthase Isoforms in Human, Guinea Pig, Rat, and Mouse Tissues. J Histochem Cytochem. 1998;46: 1385-1392. PMID:9815280

18. Cool JC, Dyer JL, Xian CJ, Butler RN, Geier MS, Howarth GS. Pretreatment with insulin-like growth fator-I partially ameliorates 5-fluorouracil-induced intestinal mucositis in rats. Growth horm IGF Res. 2005; 15(1), 72-82. DGI:10.1016/j.ghir.2004.12.002

19. Devlin TM. Text book of biochemistry: with clinical correlation, 4th ed., New York: New York. New York: John Wiley and Sons Inc. 1997; 553-560.

20. El-Hoseany NMA. Efeito protetor do captopril contra a hepato e a nefrotoxicidade induzidas pelo 5-fluorouracil em ratos albinos machos. J. Am. Sci. 2012; 8 (2), 680-685. DOI:10.7537/j.issn.1545-1003

21. El-Sayed, el-SM, Abd-Ellah MF, Attia SM. Efeito protetor do captopril contra a nefrotoxicidade induzida pela cisplatina em ratos. PakJ. Pharm Sci. 2008; 21(3), 255-261. PMID:18614421

22. Fujihara CK, Mattar AL, Vieira JR JM, Malheiros DMAC, Noronha IDL, Goncalves ARR, Nucci G, Zatz R. Evidências da Existência de Duas Funções

Distintas para a Induzível NO Sintase no Rim de Ratos: Efeito da Aminoguanidina em Ratos com Ablação 5/6. J Am Soc Nephrol. 2002;13(9):2278-87

doi:10.1097/01.ASN.0000027354.12330.F4

23. Hayashi T, Matsui-Hirai H, Fukatsu A, Sumi D, Kano-Hayashi H, Rani PJ, Iguchi A. O inibidor seletivo da iNOS, ONO1714, retarda com êxito o desenvolvimento da aterosclerose induzida por uma dieta rica em colesterol através de um novo mecanismo. Atherosclerosis. 2006; 187:316-324. D0I:10.1016/j.

24. Heeringa P, van Goor H, Moshage H, Klok PA, Huitema MG, de Jager A, Schep AJ, Kallenberg CG. Expressão de iNOS, eNOS e proteínas modificadas por peroxinitrito na glomerulonefrite crescente associada à anti-mieloperoxidase experimental. Kidney Int. 1998;53: 382-393. DOI:10.1046/j.1523- 1755.1998.00780.x

25. Isaka Y, Rakugi H. Os efeitos adversos graves do 5-fluorouracil em S-1 foram atenuados pela hemodiálise devido à eliminação do fármaco. NDT Plus. 2009; 2(2), 152-154. DOI: 10.1093/ndtplus/sfn195

26. Ito KJ, Chen ED, Vaughan SV, Seshan DP, Poppas DF. Dietary L-arginine supplementation improves the glomerular filtration rate and renal

blood flow after 24 hr of unilateral obstruction. J. Urol. 2004; 171, 926-930. D01:10.1097/01.ju.0000105073.67242.eb

27. Joles JA, Vos IH, Grone HJ, Rabelink TJ. Inducible nitric oxide synthase in renal transplantation. Kidney Int. 2002; 61:872-875. D0I:10.1046/j.1523-1755.2002.00235.x

28. Kakoki M, Kim HS, Arendshorst WJ, Mattson DL. L-Arginine uptake affects nitric oxide production and blood flow in the renal medulla. Am. J Physiol. 2004; 287, R1478-R1485. D0I:10.1152/ajpregu.00386.2004

29. Lin Y, Wang LN, Xi YH, Li HZ, Xiao FG, Zhao YJ, Tian Y, Yang BF, Xu CQ. L-arginine inhibits isoproterenol induced cardiac hypertrophy through nitric oxide and polyamine pathways. Basic Clin. Pharmacol. Toxicol. 2008; 103(2), 124-130. DOI: 10.1111/j.1742-7843.2008.00261.x

30. Ling H, Edelstein C, Gengaro P, Meng X, Lucia S, Knotek M, Wangsiripaisan A, Shi Y, Schrier R. Attenuation of renal ischemiareperfusion injury in inducible nitric oxide synthase knockout mice. Am. J. Physiol. 1999; 277 (3 Pt2), F383- F390. PMID:10484522

31. Mansour M, Daba M H, Gado A, Al-Rikabi A, Al-Majed A. 2002. Protective effect of L-arginine against nephrotoxicity induced by cyclosporine in normal rats. Pharmacol. Res. 45, 441-446. doi:10.1006/phrs.2002.0968

32. Miller AA, Megson IL, Gray GA. Inducible nitric oxide synthase-derived superoxide contributes to hypereactivity in small mesenteric arteries from a rat model of chronic heart failure. Br J Pharmacol. 2000;131: 29-36. doi: 10.1038/sj.bjp.0703528.

33. Raij L, Baylis C. Glomerular actions of nitric oxide. Kidney Int. 1995; 48:20-32. doi:10.1038/ki.1995.262

34. Rashid S, Ali N, Nafees S, Hasan SK, Sultana S. Mitigação da toxicidade renal induzida por 5- Fluorouracil por crisina através do stress oxidativo e apoptose em ratos wistar. Food and Chemical Toxico.l. 2014; 66, 185-193. D0I:10.1016/j.fct.2014.01.026

35. Romero F, Rodriguez-Iturbe B, Parra G, Gonzalez L, Herrera- Acosta J, Tapia E. Mycophenolatemofetil previne a insuficiência renal progressiva induzida pela ablação renal 5/6 em ratos. Kidney Int. 1999; 55, 945-955. doi.org/10.1046/j.1523- 1755.1999.055003945.x

36. Rusai K, Fekete A, Szebeni B, et al. Effect of neuronal nitric oxide synthase inhibition and L-arginine supplementation on renal ischemia/reperfusion injury and renal nitric oxide system. Artigo aceite para Clin Exp Pharmacol Physiol. 2008; 35 (10), 1183-1189. DOI: 10.1111/j.1440-1681.2008.04976.x

37. Saleh S, El-Demerdash E. Protective Effects of L-Arginine against Cisplatin- Induced Renal Oxidative Stress and Toxicity: Role of Nitric Oxide. Basic & 18 Clinical Pharmacol &Toxicol. 2005; 97, 91-97. DOI:10.1111/j.1742- 843.2005.pto~114.x

38. Schneider R, Raff U, Vornberger N, et al. L-arginine counteracts nitric oxide deficiency and improves the recovery phase of ischemic acute renal failure in rats. Kidney Int. 2003; 64(1), 216-225. DOI:10.1046/j.1523-1755.2003.00063.x

39. Schramm L, La M, Heidbreder E, et al. L-arginine deficiency and supplementation in experimental acute renal failure and in human kidney transplantation. Kidney Int. 2002; 61(4), 1423-1432. DOI:10.1046/j.1523-1755.2002.00268.x

40. Schwartz D, Mendonca M, Schwartz I, et al. A inibição da óxido nítrico sintase (NOS) constitutiva pelo óxido nítrico gerado pela NOS induzível após a administração de lipopolissacarídeos provoca disfunção renal em ratos. J. Clin. Invest. . 1997; 100(2), 439-448. DOI: 10.1172/JCI119551

41. Sharma SP. Nitric oxide and the kidney. Indian J Nephrol. 2004;14(3), 77-84.

42. Silverstein RA, Gonzalez de Valdivia E, VisaN. The Incorporation of 5-

Fluorouracil into RNA Affects the Ribonucleolytic Activity of the Exosome Subunit Rrp6. Molecular Cancer Research. 2011; 9, 332-340. DOI:10.1158/1541- 7786.MCR-10-0084

43. Thant AA, Wu Y, Lee J, Mishra DK, et al. Papel das caspases na inibição do crescimento de células de cancro colorrectal induzida por 5- FU e selénio. Anticancer Res. 2008; 28, 3579-3592. PMCID:PMC3771536.

44. Vaziri ND, Ni Z, Wang XQ, Oveisi F, Zhou XJ. Down regulation of nitric oxide synthase in chronic renal insufficiency: role of excess PTH. Am J Physiol. 1998; 274: F642-F649. PubMed 9575886

45. Xia Y, Roman LJ, Masters BS, Zweier JL. Inducible nitric-oxide synthase generates superoxide from the reductase domain. J Biol Chem. 1998;273: 22635-22639. doi: 10.1074/jbc.273.35.22635

46. Xian CJ, Howarth GS, Cool JC, Foster B.K. Effects of acute 5-fluorouracil chemotherapy and insulin-like growth fator-I prereatment on growth plate cartilage and metaphyseal bone in rats. Bone. 2004; 35, 739-749. D0I:10.1016/j.bone.2004.04.027

Tabela (1): Peso corporal, peso absoluto e relativo dos rins (KW/BW) do tratamento com fluorouracil com ou sem L-arginina

	Body Weight (gm)	Kidney Weight (gm)	KW/BW
Group I	295.5 ± 3.4	1.18 ± 0.10	0.40 ± 0.02
Group II	303.0 ± 6.1	1.15 ± 0.08	0.38 ± 0.04
Group III	218.5 ± 5.3*†	1.67 ± 0.09*†	0.76 ± 0.05*†
Group VI	283.9 ± 5.4#	1.26 ± 0.09#	0.44 ± 0.03#

Os dados estão representados como média ± DP (n=6)   P<0,05 foi considerado significativo

* Uma alteração significativa em comparação com o controlo (Grupo I)

↑ Uma mudança significativa em comparação com o grupo L arginina (Grupo II)

Uma alteração significativa em comparação com o grupo do fluorouracilo (Grupo III)

Tabela (2): Marcadores da função renal de ratos tratados com fluoruoracil com ou sem L-arginina

	Albumin (g/dl)	Total Proteins (g/dl)	Creatinine (mg/dl)	Urea (mg/dl)
Group I	3.42 ± 0.13	6.0 ± 0.3	0.62 ± 0.20	33.62 ± 0.13
Group II	3.47 ± 0.17	7.0 ± 0.5	0.65 ± 0.07	33.57 ± 0.17
Group III	2.13 ± 0.18*†	4.1 ± 1.5*†	1.10 ± 0.12*†	85.13 ± 0.18*†
Group VI	3.35 ± 0.04#	7.3 ±1.1#	0.75 ± 0.06#	35.33 ± 0.04#

Os dados estão representados como média ± DP (n=6) P<0,05 foi considerado significativo

* Uma alteração significativa em comparação com o controlo (Grupo I)

↑ Uma mudança significativa em comparação com o grupo L arginina (Grupo II)

Uma alteração significativa em comparação com o grupo do fluorouracilo (Grupo III)

Tabela (3): Volume de urina e excreção de proteínas urinárias em ratos tratados com fluorouracil com ou sem L-arginina:

	Urine Volume (ml/24hours)	Urinary Proteins (mg/24 hours)
Group I	11.4 ± 0.9	6.0 ± 0.4
Group II	12.3 ± 0.8	7.0 ± 0.7
Group III	29.0 ± 2.3*†	24.1 ± 1.5*†
Group VI	15.3 ± 3.4#	5.8 ± 1.1#

Os dados estão representados como média $\pm$ DP (n=6) P<0,05 foi considerado significativo

* Uma alteração significativa em comparação com o controlo (Grupo I)

↑ Uma mudança significativa em comparação com o grupo L arginina (Grupo II)

Uma alteração significativa em comparação com o grupo do fluorouracilo (Grupo III)

Tabela 4: Morfometria das lesões histopatológicas e reacções imuno-histoquímicas:

	Group I	Group II	Group III	Group IV
Glomerular sclerosis				
Normal (%)	98.1±0.5	97.3±2.1	84.2±4.1	96.8±1.7
Segmental (%)	1.9±0.13	2.7±0.02	13.8±3.2*†	3.2±0.04[#]
Global (%)	0.0	0.0	2.0±1.0*†	0.0
Tubular degeneration & atrophy (0-5)	0.0	0.0	4.2±0.10*†	0.0
Interstitial infiltration (0-5)	0.0	0.0	1.7±0.40*†	0.0
Interstitial fibrosis (0-5)	0.0	0.0	1.2±0.31*†	0.0
The mean area percent of iNOS	4.11±0.7	4.62±0.11	18.55±1.34*†	5.39±0.23[#]
The mean area percent of caspase3	2.5±0.92	3.8±0.02	12.8±1.17*†	7.3±0.51[#]

Os dados estão representados como média ± DP P<0,05 foi considerado significativo

* = p<0,05 em comparação com o grupo de controlo (Grupo I)

↑= p< 0,05 em comparação com o grupo tratado com L-arginina (Grupo II)

= p< 0,05 em comparação com o grupo tratado com fluorouracilo (Grupo III)

LEGENDAS DA FIGURA

Figura 1. Fotomicrografias de secções do rim de um rato de controlo (grupo I) mostrando: **(A)** arquitetura renal normal: glomérulo (G), túbulos contorcidos proximais (P) e distais (D) H&E, barra de escala = 20 pm; **(B)** distribuição normal das fibras de colagénio no glomérulo (G), na cápsula de Bowman e à volta dos túbulos (setas) tricrómio de Masson, barra de escala = 50 pm; (C) forte reação de ácido periódico de Schiff (PAS) nos glomérulos (G), bordo em escova dos túbulos contorcidos proximais (P), lâmina basal (setas) dos túbulos PAS, barra de escala = 20 pm.

Figura 2. Fotomicrografias de secções do rim de ratos tratados com L-arginina (grupo II) mostrando: **(A)** padrão normal da arquitetura renal H&E, barra de escala = 20 pm; **(B)** distribuição normal das fibras de colagénio nos glomérulos e em redor dos túbulos tricrómio de Masson, barra de escala = 50 pm; **(C)** forte reação de ácido periódico de Schiff (PAS) nos glomérulos (G), bordo em escova dos túbulos contorcidos proximais (P) e lâminas basais dos túbulos (seta) PAS, barra de escala = 20 pm.

Figura 3. Fotomicrografias de secções do rim de um rato tratado com fluorouracil (grupo III) demonstrando: **(A)** anéis capilares glomerulares dilatados e congestionados (G) e vacuolização de células epiteliais tubulares (T). Em alguns túbulos observam-se cilindros eosinofílicos homogéneos (setas) H&E, barra de escala = 20 pm; **(B)** vasos sanguíneos dilatados e congestionados e hemorragias intersticiais (setas) H&E, barra de escala = 100 gm; **(C)** extensas células infiltrantes mononucleares intersticiais **(IF)** em redor de túbulos destruídos H&E, barra de escala = 50 gm; **(D)** aumento da deposição de colagénio intraglomerular e peritubular Tricrómio de Masson, barra de escala = 50 gm; **(E)** aumento do material PAS positivo intraglomerular. A maioria dos TCP apresenta uma reação fraca na sua borda em escova **(P)** com uma reação forte intersticial focal **(IT)** PAS, barra de escala = 20 gm.

Figura 4. Fotomicrografias de secções do rim de um rato tratado com fluorouracilo e L-arginina (grupo IV) mostrando: **(A)** arquitetura renal normal H&E, barra de escala = 20 gm; **(B)** distribuição normal das fibras de colagénio no glomérulo, cápsula de Bowman e em redor dos túbulos tricrómio de Masson, barra de escala = 50 gm; **(C)** forte reação PAS nos glomérulos **(G)**, bordo em escova dos túbulos contorcidos proximais **(P)**, lâminas basais dos túbulos (setas) PAS, barra de escala = 20 gm.

Figura 5. Fotomicrografias de secções nos rins de **(A)** um rato de

controlo (grupo I) que mostra uma imunomarcação muito fraca da iNOS;
(B) um rato tratado com L-arginina (grupo II) que mostra uma
imunomarcação positiva ligeira; **(C)** um rato tratado com fluorouracilo
(grupo III) que mostra uma área aumentada de imunomarcação positiva
forte da iNOS; **(D)** um rato co-tratado com fluorouracilo e L-arginina
(grupo IV) que mostra uma imunomarcação moderadamente positiva da
iNOS. iNOS, barra de escala = 20 µm.

Figura 6. Fotomicrografias de secções nos rins de **(A)** um rato de
controlo (grupo I) que mostra uma imunocoloração quase negativa da
caspase3; **(B)** um rato tratado com L-arginina (grupo II) que mostra uma
imunocoloração positiva muito semanal; **(C)** um rato tratado com
fluorouracilo (grupo III) que mostra áreas de imunorreacções positivas
com coloração escura; **(D)** um rato co-tratado com fluorouracilo e L-
arginina (grupo IV) que mostra áreas de imunocoloração com coloração
clara. caspase3, barra de escala =50 µm.

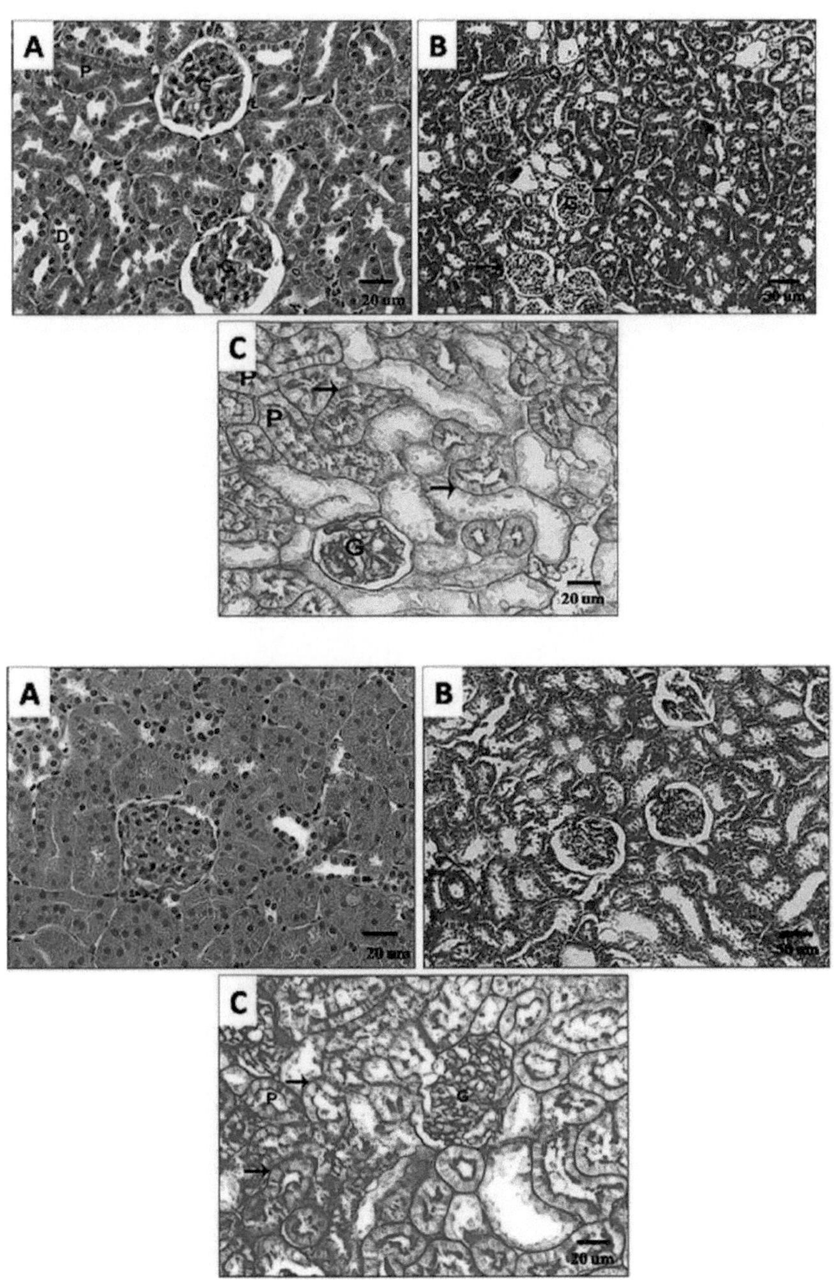

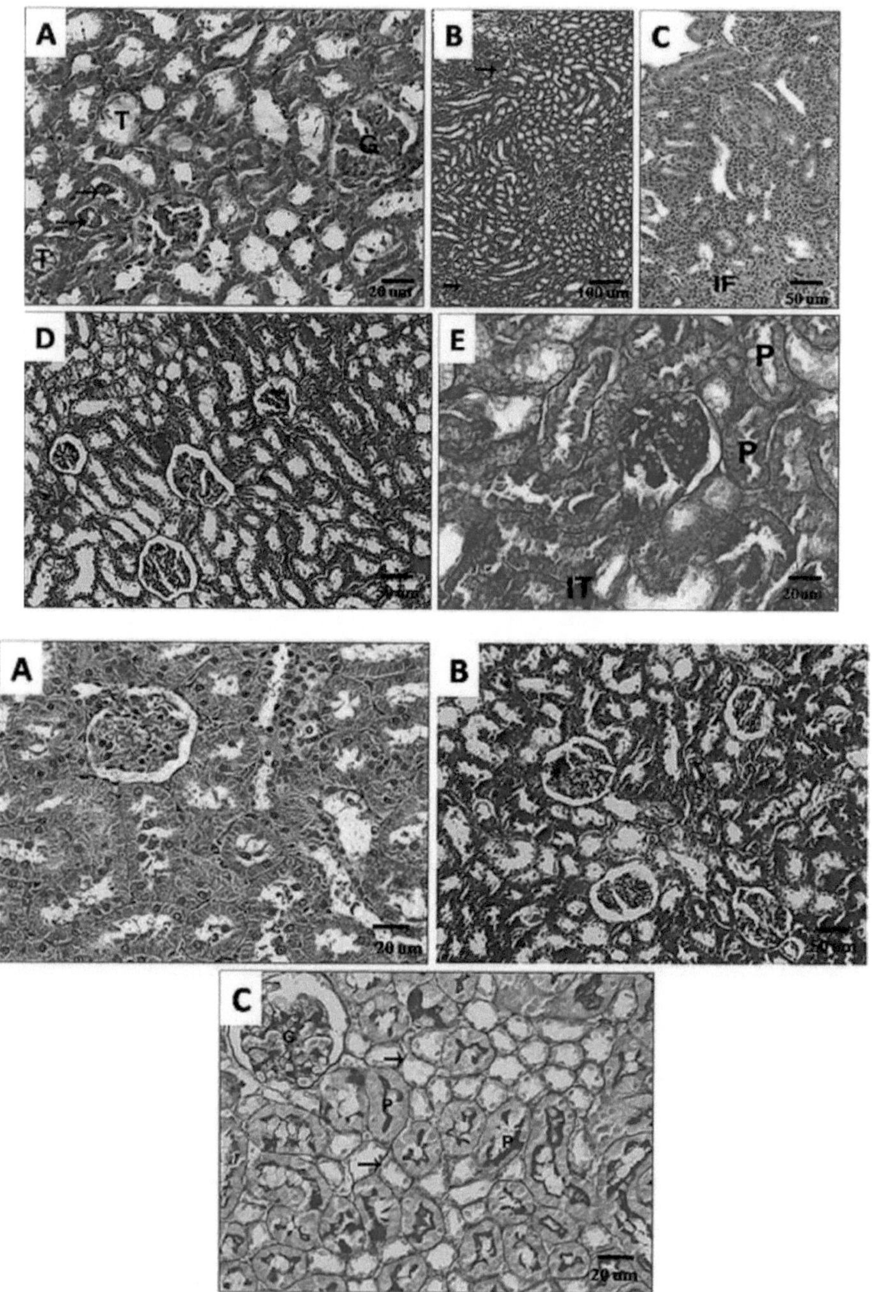

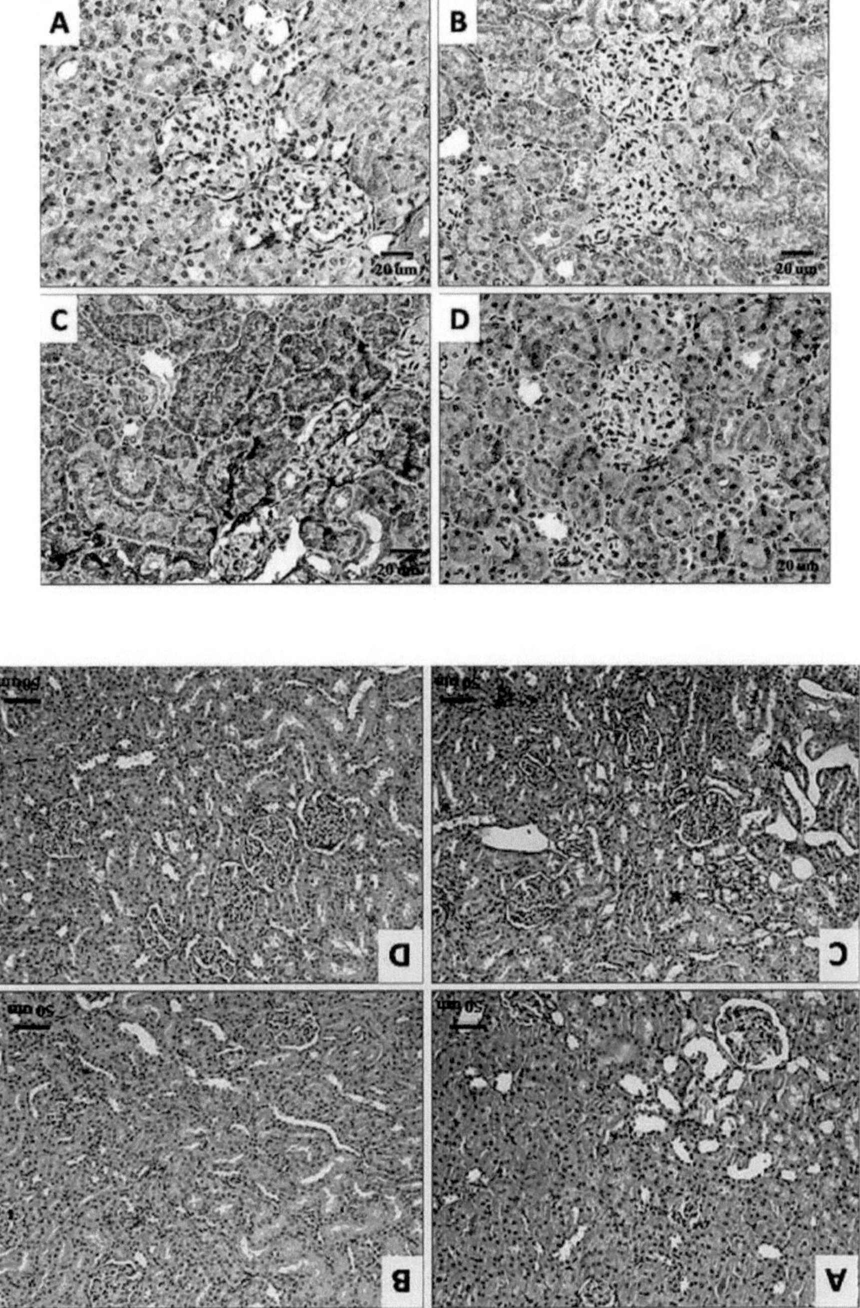

Índice

yes
I want morebooks!

Buy your books fast and straightforward online - at one of world's fastest growing online book stores! Environmentally sound due to Print-on-Demand technologies.

Buy your books online at
www.morebooks.shop

Compre os seus livros mais rápido e diretamente na internet, em uma das livrarias on-line com o maior crescimento no mundo! Produção que protege o meio ambiente através das tecnologias de impressão sob demanda.

Compre os seus livros on-line em
www.morebooks.shop

Printed by Books on Demand GmbH, Norderstedt / Germany